Melanie Scheid

Regionale Disparitäten in Deutschland. Der Stadt-Land-Gegensatz

GRIN Verlag

Bibliografische Information der Deutschen Nationalbibliothek:

Die Deutsche Bibliothek verzeichnet diese Publikation in der Deutschen National-
bibliografie; detaillierte bibliografische Daten sind im Internet über http://dnb.d-
nb.de/ abrufbar.

Impressum:

Copyright © 2014 GRIN Verlag GmbH
Druck und Bindung: Books on Demand GmbH, Norderstedt Germany
.ISBN: 978-3-656-87329-7

Dieses Buch bei GRIN:

http://www.grin.com/de/e-book/287015/regionale-disparitaeten-in-deutschland-
der-stadt-land-gegensatz

Hauptseminar Kulturgeographie Sommersemester 2014

Regionale Disparitäten in Europa und europäische Regionalpolitik

Hausarbeit
„Regionale Disparitäten in Deutschland: Stadt-Land-Gegensatz"

Name: Melanie Scheid

Gliederung

Abbildungsverzeichnis

Tabellenverzeichnis

1 Einleitung

„Die Schaffung und Erhaltung gleichwertiger regionaler Lebensverhältnisse ist eine Gerechtigkeitsnorm. Sie dient der Chancengleichheit der Bürger und soll durch den Abbau regionaler Disparitäten erreicht werden" (MÖSGEN 2008, S. 19).

Daher stellt der Abbau regionaler Disparitäten ein wichtiges Ziel raumbezogener Politik und Planung dar. Entsprechend sind die Herstellung gleichwertiger Lebensverhältnisse in allen Teilräumen und der Ausgleich der räumlichen und strukturellen Ungleichgewichte zwischen den, bis zur deutschen Einheit getrennten Gebieten als wichtige Leitvorstellungen raumordnerischen Handelns in mehreren Gesetzen festgelegt (vgl. MARETZKE 2006, S. 473).

Regionale Disparitäten äußern sich in sehr unterschiedlichen Mustern. Dabei gelten die Unterschiede zwischen Stadt und Land bereits als „traditionell" (vgl. MARETZKE 2006, S. 473), denn „Stadt und Land werden im Zuge beginnender Verstädterung und Industrialisierung und des heraufkommenden Sozialismus im 19. Jahrhundert zur gängigen Formel, ja zum Inbegriff der politischen, sozialen und wirtschaftlichen Konfrontation der beiden großen Bereiche des sozialen Raumes" (PLANK/ZICHE 1979 zit. nach SCHWEPPE 2000, S. 59). Und auch heute sind hier noch immer deutliche Disparitäten zu erkennen, wie die nachfolgende Untersuchung zeigen wird.

Kapitel 2, das den Begriff *Disparität* definiert sowie die gesetzlichen Grundlagen zum Abbau regionaler Disparitäten darlegt, und Kapitel 3, welches Definitionsversuche des städtischen und des ländlichen Raumes näher betrachtet, sollen eine Einführung in die Thematik *Stadt-Land-Gegensatz* liefern.

Kapitel 4 untersucht anschließend gezielt wesentliche Disparitäten zwischen Stadt und Land. Wichtige Potenzialfaktoren, die die wirtschaftliche Entwicklung und damit auch die Wettbewerbsfähigkeit einer Region entscheidend beeinflussen, sind „die Ausstattung einer Region mit ‚klassischen' Produktionsfaktoren wie Sach- und Humankapital, die sektorale Wirtschaftsstruktur, die Innovationskapazität [...], das Marktpotenzial bzw. die geographische Standortgunst und die öffentliche Infrastruktur und Existenz von Agglomerationsvorteilen in Form von Lokalisations- und/oder Urbanisierungsvorteilen" (MARETZKE 2006, S. 473).

Einige dieser Faktoren werden in Kapitel 4 näher betrachtet und ihre unterschiedliche Ausprägung in städtischen und ländlichen Regionen gegenüber gestellt. Diese Faktoren werden abschließend in einem zusammenfassenden Raumbeispiel, nämlich den städtischen und ländlichen Regionen Mecklenburg-Vorpommerns, in Form von quantifizierbaren Daten zusammengeführt. Gleichzeitig werden Lösungsansätze betrachtet, die zu einem Fazit über die aktuelle Ausprägung des Stadt-Land-Gegensatzes führen.

2 Grundlagen

2.1 Begriffsdefinition „Disparität"

Der Begriff *Disparität* hat seine Ursprünge im Lateinischen und lässt sich von den Begriffen *dispar* (≙ ungleich) und *disparatum* (≙ Gegensatz) ableiten (vgl. LANGENSCHEIDT 1997, S. 133).

Im deutschen Duden finden sich die Synonyme *Ungleichheit* und *Verschiedenheit* (vgl. DUDEN ONLINE 2013, web).

Der spezifischere Ausdruck *regionale Disparität* wird definiert als „Ausdruck für geographische Unterschiede der Lebens-, Arbeits- oder Wohnverhältnisse (Raumstruktur)" (WIRTSCHAFTSLEXIKON24.DE 2014, web). Diese Unterschiede sind entweder naturgegeben oder entstehen aufgrund raumdifferenzierender Faktoren. Als wichtige Merkmale bei der Feststellung regionaler Disparitäten gelten z.B. ein regionales Lohn- und Einkommensgefälle, regionale Unterschiede in der Arbeitslosigkeit und regionale Unterschiede in den Bildungsmöglichkeiten. Absolut gemessen sind Disparitäten zumeist nicht aussagefähig, daher wird zum Vergleich ein Mittelwert, beispielsweise der Bundesdurchschnitt, herangezogen (vgl. ebd.).

2.2 Gesetzliche Grundlagen

Das Ziel gleichwertige Lebensverhältnisse zu schaffen, ist in mehreren Gesetzen verankert:

Raumordnungsgesetz von 1965:
Bereits das Raumordnungsgesetz von 1965 besagt, dass das Ziel der Raumordnung und Landesplanung in Deutschland der Abbau regionaler Disparitäten bzw. die Schaffung gleichwertiger Lebensverhältnisse sei. So werden beispielsweise folgende Grundsätze formuliert:

„1. Die räumliche Struktur der Gebiete mit gesunden Lebens- und Arbeitsbedingungen sowie ausgewogenen wirtschaftlichen, sozialen und kulturellen Verhältnissen soll gesichert und weiter entwickelt werden.

In Gebieten, in denen eine solche Struktur nicht besteht, sollen Maßnahmen zur Strukturverbesserung ergriffen werden" (RAUMORDNUNGSGESETZ 1965 im BUNDESGESETZBLATT, S. 306, eigene Hervorhebung).

Grundgesetz Art. 72, Abs. 2:

Auch im Grundgesetz findet sich ein Artikel, der dem Bund Gesetzgebungsrecht einräumt, wenn und soweit die Herstellung gleichwertiger Lebensverhältnisse es im gesamtstaatlichen Interesse erforderlich macht:

„[…] hat der Bund das Gesetzgebungsrecht, wenn und soweit die Herstellung gleichwertiger Lebensverhältnisse im Bundesgebiet oder die Wahrung der Rechts- oder Wirtschaftseinheit im gesamtstaatlichen Interesse eine bundesgesetzliche Regelung erforderlich macht" (DEJURE.ORG, ART.72 GG 2006, web).

Dies gilt allerdings nur, „wenn sich die Lebensverhältnisse in den Ländern der Bundesrepublik in erheblicher, das bundesstaatliche Sozialgefüge beeinträchtigender Weise auseinanderentwickelt haben" (GATZWEILER 2012, S. 54f.). Es wird hiermit also lediglich noch ein Mindeststandard zu Gewährleistung des sozialen Zusammenhalts in der Bundesrepublik Deutschland beschrieben. Dennoch gibt es bisher keine bundesweit gültigen Mindeststandards, beispielsweise zur Gewährleistung der Infrastruktur im Raum (vgl. ebd. S. 55).

2.3 Formen räumlicher Disparitäten in Deutschland

Innerhalb des Landes kann man zwischen großräumigen und kleinräumigen Disparitäten unterscheiden.

Großräumig betrachtet existieren drei Abgrenzungen:
Ein seit der Wiedervereinigung Deutschlands stabiles und sehr deutliches *West-Ost-Gefälle* sowie ein ebenfalls stabiles, aber wesentlich schwächer ausgeprägtes *Süd-Nord-Gefälle*.
Des Weiteren werden *sechs Großregionen nach Lammers* unterschieden, die zwar bezüglich Fläche und Einwohnerzahl vergleichbar sind, zwischen denen jedoch sozioökonomisch ebenfalls Disparitäten auszumachen sind. Es handelt sich um die Region Nord, Nordrhein-Westfalen, die Region Mitte-West, Baden-Württemberg, Bayern und die Region Ost.
Diese sozioökonomischen Disparitäten setzen sich zusammen aus dem BIP pro Einwohner (als ökonomischer Indikator) und der Arbeitslosenquote (als sozialer Indikator). Die genannten Faktoren werden auch von der EU-Kommission im *EU-Bericht über die sozioökonomische Lage und Entwicklung der Regionen* verwendet, was eine Vergleichbarkeit ermöglicht (vgl. LIETNER 2010, S.18f.).

Kleinräumig betrachtet zeigen sich räumliche Disparitäten innerhalb einer Stadt (innerstädtische Disparitäten), z.B. im Vergleich einzelner Stadtviertel oder in den verschiedenen Nutzungsbereichen. Außerdem existieren Disparitäten zwischen ländlichen

Räumen. So sind periphere ländliche Räume u.a. wesentlich stärker von einer verfallenden bzw. fehlenden Infrastruktur betroffen als ländliche Räume in Agglomerationsnähe.

Besonders auffallend bei kleinräumiger Betrachtung sind allerdings die Disparitäten zwischen Stadt und Land bzw. ländlichem Raum, auf die im folgenden Kapitel detailliert eingegangen wird (vgl. ebd., S. 26f.).

3 Stadt und Land – ein Definitionsversuch

3.1 Siedlungsstruktur in Deutschland

Es gibt unterschiedliche Definitionen des ländlichen Raumes, jedoch zeigen alle ein vergleichbares Bild bezüglich der Anteile ländlichen und städtischen Raumes. So geht die EU von 80% ländlichen Räumen in Deutschland aus, in denen rund 40% der Einwohner leben (vgl. DANNENBERG 2010, S. 96).

Das Bundesinstitut für Bau-, Stadt- und Raumforschung veröffentlichte folgende Karten hinsichtlich der Siedlungsstruktur Deutschlands:

Abbildung 1: Städtischer und ländlicher Raum 2011 nach BBSR (Quelle: BBSR 2013, web)

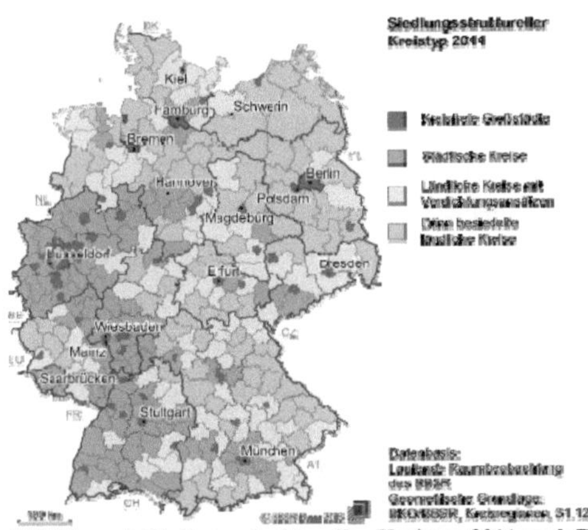

Abbildung 2: Siedlungsstruktureller Kreistyp 2011 nach BBSR (Quelle: BBSR 2013, web)

Abbildung 1 unterscheidet lediglich zwischen städtischem und ländlichem Raum.

Abbildung 2 differenziert etwas detaillierter zwischen kreisfreien Großstädten und städtischen Kreisen, welche den städtischen Raum in Abbildung 1 ausmachen, sowie ländlichen Kreisen mit Verdichtungsansätzen und dünn besiedelten ländlichen Kreisen (siehe auch Kap. 2.3 – Disparitäten zwischen ländlichen Räumen), die den ländlichen Raum in Abbildung 1 bilden.

Die Flächenverteilung zeigt sich bereits deutlich auf den Karten. Die Statistik bezieht neben der Fläche auch die Einwohnerzahl der einzelnen Kreise mit ein:

Auf den städtischen Raum fallen 203 Kreise, in denen knapp 55,8 Millionen Einwohner auf einer Fläche von ca. 115.000 km^2 leben. Zum ländlichen Raum gehören 199 Kreise mit ca. 26 Millionen Einwohnern auf knapp 242.000 km^2. Somit fallen ca. 70% der Gesamtfläche Deutschlands auf den ländlichen Raum, aber nur 30% der Einwohner (vgl. BSSR 2013, web).

Doch wie genau werden Stadt und ländlicher Raum definiert bzw. voneinander abgegrenzt? Diese Frage beantworten die folgenden Unterpunkte:

3.2 *Städtischer Raum und ländlicher Raum*

3.2.1 Modell der Stadt-Land-Dichotomie

Das Modell hat in der Vergangenheit einen besonderen Stellenwert eingenommen. Es beinhaltet Konzepte, die die beiden Räume voneinander abgrenzen aber auch Ideologien zur Bewertung von Stadt und Land.

Die Soziologie ging lange Zeit davon aus, dass es „eine[n] fundamentalen Unterschied zwischen dem städtischen und ländlichen Sektor einer Gesellschaft und eine[n] kaum überbrückbaren Gegensatz zwischen diesen beiden Sektoren" gibt (KÖTTER 1983, zit. nach SCHWEPPE 2000, S. 59).

Das Modell nimmt an, dass sich *Stadt* und *Land* durch verschiedene Indikatoren voneinander differenzieren lassen, die kausal miteinander verbunden seien. Allerdings wurden „Ansätze, die von einer solchen, auf quantifizierbaren Unterschieden basierenden Dichotomie von Stadt und Land ausgehen" (SCHWEPPE 2000, S. 60) durch empirische Forschungsarbeiten widerlegt und haben sich als unbrauchbar erwiesen. Gleiches gilt für die in diesem Dichotomie-Modell vermittelten Ideologien über Stadt und Land, die immer stärker kritisiert wurden. Hierbei wurde zum einen das *Land* romantisiert und idealisiert, wohingegen die *Stadt* als Sinnbild für das Verdorbene, das Künstliche und menschliche Verlorenheit stand und zum anderen wurde die gegenteilige Sichtweise verbreitet, nämlich dass die *Stadt* als fortschrittlich und das *Land* als rückständig galt (vgl. ebd., S. 60f.).

Das Modell konnte in den Sozialwissenschaften seit den 1950ern der Kritik nicht mehr Stand halten und gilt als überholt. Nach wie vor ist eine Abgrenzung von städtischem und ländlichem Raum schwierig, da „wirtschaftliche, soziale und kulturelle Raumkomponenten zu berücksichtigen sind" (PLANK/ZICHE 1979 zit. nach SCHWEPPE 2000, S. 62). Nachfolgend soll es jedoch versucht werden.

3.2.2 Definition Stadt

Neben dem geographischen Stadtbegriff nennt auch der statistische Stadtbegriff das Definitionskriterium Dichte und Zentrierung. Je nach kulturellem Kontext schwankt der Schwellenwert der Einwohnerzahl, jedoch lässt sich ab 2000 bzw. ab 5000 Einwohnern von einer Stadt sprechen. Damit einher geht auch eine hohe Bebauungsdichte, die aufgrund der hohen Einwohnerdichte typischerweise mehrgeschossig ist. Die höchsten Dichten werden in zentralen Stadtteilen erreicht.

Neben diesem baulichen Merkmal besitzt die Stadt charakteristische soziale und ökonomische Merkmale. Zum einen verfügt die Stadt über einen funktionellen Bedeutungsüberschuss: Sie ist Arbeitsort, Versorgungszentrum, Bildungsinstanz, bietet ein kulturelles Angebot sowie politische und ökonomische Einrichtungen. Von einem Bedeutungsüberschuss ist die Rede, weil eine Differenz zwischen den in einer Stadt angebotenen Gütern bzw. Dienstleistungen und den von der Stadt benötigten Gütern und Dienstleistungen besteht, die daher vom Umland mitgenutzt werden (vgl. FASSMANN 2009, S. 44f.). „Die Stadt ‚strahlt' [also] in ihr Umland hinein und je größer diese ‚Strahlkraft' ist, desto wichtiger ist die Stadt" (ebd., S. 45).

Zum anderen weist die Stadt eine spezifische sozioökonomische Struktur auf. Sie ist Zentrum wirtschaftlicher und politischer Prozesse. Die Erwerbstätigkeit ist von Industrie, Gewerbe und besonders von Dienstleistungen geprägt, wobei die Unternehmen auch international agieren. Sie besitzt eine hohe Zahl an Arbeitsplätzen, was einen Einpendlerüberschuss aus dem Stadt-Umland bewirkt (vgl. ebd., S. 45f.). Des Weiteren ist die soziale Differenzierung hoch und die sozialen Beziehungen sind eher anonym (vgl. ebd., S. 44).

Insbesondere die o.g. ökonomischen und sozialen Merkmale sind Grundlage für intensive Stadt-Umland-Beziehungen (vgl. ebd., S. 44).

3.2.3 Definition ländlicher Raum

Der ländliche Raum lässt sich fast gegenteilig charakterisieren. Dannenberg stellt mehrere Definitionen in chronologischer Reihenfolge gegenüber.

So nennen *Bauer und Hummelsheim* (1995) folgende Definitionsmerkmale: eine geringe Bevölkerungsdichte und disperse Siedlungsstruktur, dadurch bedingt auch eine Dominanz von Freiflächen, aber auch ein hoher Anteil an Wohnungseigentum. Außerdem ist der ländliche Raum gekennzeichnet durch eine relativ einseitige Wirtschaftsstruktur mit einem hohen Anteil an landwirtschaftlicher Aktivität, was wiederum niedrige Durchschnittseinkommen und einen hohen Pendleranteil verursacht (vgl. BAUER/HUMMELSHEIM zit. nach DANNENBERG 2010, S. 96).

Wießner (1999) beschreibt diese Eigenschaften noch etwas detaillierter. So ergänzt er geringe Bevölkerungsdichte und disperse Siedlungsstruktur um fehlende leistungsfähige Oberzentren. Des Weiteren nennt er die periphere großräumige Lage zu den Hauptwirtschaftszentren und Verdichtungsräumen, welche durch fehlende oder nicht ausreichende Anbindung an das Fernverkehrsnetz noch deutlicher hervortritt. Hinzu kommen „schwerwiegende Mängel im Bereich der Erwerbs- und Infrastruktur, die durch fehlenden Zugang zum Arbeitsplatzangebot und dem meist hochwertigen Infrastrukturangebot der Verdichtungsräume verstärkt werden" (WIEßNER zit. nach DANNENBERG 2010, S. 96).

Henkel zog 2004 das folgende Fazit, das um einen sozialen Faktor ergänzt wurde: Der ländliche Raum ist „ein naturnaher, von der Land- und Forstwirtschaft geprägter Siedlungs- und Landschaftsraum mit geringer Bevölkerungs- und Bebauungsdichte sowie niedrigerer Zentralität der Orte, aber höherer Dichte zwischenmenschlicher Beziehungen" (HENKEL zit. nach DANNENBERG 2010, S. 96).

Anhand dieser Definitionen von Stadt und Land zeigt sich, dass die auffälligsten Disparitäten in den Bereichen *Wirtschaftsstruktur* (bzw. Arbeitsplätze/Arbeitslosenquote), *Einwohnerstruktur* sowie *Infrastruktur und Verkehr* liegen.

Im nächsten Kapitel werden daher diese drei Faktoren genauer untersucht und die unterschiedliche Situation in der Stadt und im ländlichen Raum verglichen. Zunächst werden jedoch noch einige Maße zur Messung bzw. Feststellung von Stadt-Land-Unterschieden näher betrachtet.

4 Stadt-Land-Gegensatz

4.1 Maße zu Stadt-Land-Unterschieden

Verstädterungsgrad:

Der Verstädterungsgrad ist eine „Maßzahl für den Anteil der Bevölkerung, die in Städten lebt" (KRAMER 2000, S. 16). Er ist eine der verbreitetsten Maßzahlen für eine ungleichmäßige Verteilung der Bevölkerung in einem Gebiet. International gesehen gibt es verschiedene Untergrenzen, nichtsdestotrotz vermittelt der klassische Verstädterungsgrad im internationalen Vergleich einen guten Eindruck über den Anteil der in städtischen Siedlungen lebenden Bevölkerung (vgl. KRAMER 2000, S. 16). Problematisch ist auch hier wieder die Abgrenzung von Stadt und Land, es sei denn, man betrachtet rein administrative Daten zur Abgrenzung, wie das Stadtrecht oder eine Mindesteinwohnerzahl (vgl. ebd., S. 17f.).

BIK-Index:

Der BIK-Index ist eine Weiterentwicklung des *Boustedt-Index* und stellt Verflechtungsmerkmale und Stadt-Umland-Beziehungen dar. Neben der Einwohnerzahl gehören Verflechtungsmerkmale, wie die Gesamteinpendler und die Anzahl der angebundenen Gemeinden, zu den benötigten Daten. Es erfolgt eine Untergliederung in Ballungsräume, Stadtregionen, Mittel- und Unterzentrengebiete und keine BIK-Region (vgl. KRAMER 2000, S. 19 und BIK-GmbH, web).

Siedlungsstrukturelle Gebietstypisierung:

Dieses Konzept wurde von der *Bundesforschungsanstalt für Landeskunde und Raumordnung*, die ein Teil des *Bundesamtes für Bauwesen und Raumordnung* ist, entwickelt. Die Gebietstypisierung erfolgt vor allem nach den Merkmalen der Zentralität (*Christaller*), der Verdichtung und der Lage und ordnet ein Gebiet Agglomerationsräumen, verstädterten Räumen oder ländlichen Räumen zu, wobei diese Räume noch weiter hierarchisch untergliedert sind (vgl. KRAMER 2000, S. 20f.).

Diese siedlungsstrukturellen Gebietstypen können als Gliederungskategorien für weitere Auswertungen genutzt werden, um so wichtige regionale Unterschiede zu verdeutlichen.

Beispielsweise kann das unterschiedliche Bildungsniveau in Regionen untersucht werden, indem der Anteil an Schulabgängern ohne Hauptschulabschluss nach siedlungsstrukturellen Kreisen aufgegliedert wird (vgl. KRAMER 2000, S. 22).

Ein weiteres Beispiel wären Wegzeiten für bestimmte Aktivitäten bzw. zu bestimmten Einrichtungen untergliedert nach siedlungsstrukturellen Gebietstypen. Dies kann Disparitäten in der infrastrukturellen Ausstattung oder in den Lebensstilen verdeutlichen (vgl. KRAMER

2000, S. 24). In Kapitel 4.4 werden so die Wegzeiten zu Gymnasien als Maß der infrastrukturellen Ausstattung genutzt.

4.2 Wirtschaftsstruktur

Agglomerationen, also große städtische Verdichtungsräume, besitzen eine andere Wirtschaftsstruktur als ländliche Räume. Sie sind geprägt durch einen hohen Anteil an hochrangigen unternehmensorientierten Dienstleistungen, an Verwaltungseinrichtungen sowie Forschungs- und Entwicklungseinrichtungen von Industrieunternehmen.

Diese Ansiedlungen haben Auswirkungen auf Innovationsprozesse und führen zu einer höheren Wirtschaftsleistung und höheren Pro-Kopf-Einkommen in städtischen Räumen (vgl. LIEFNER 2010, S. 26).

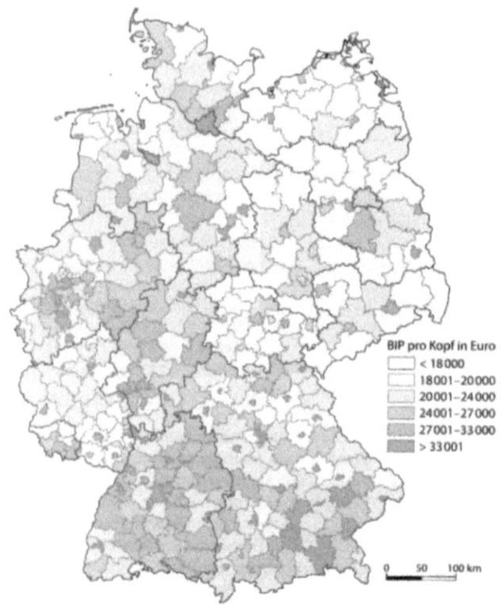

Abbildung 3: BIP pro Kopf der Kreise und kreisfreien Städte 2005 (LIEFNER 2010, S.27)

Abbildung 3 zeigt deutlich die kleinräumigen Disparitäten in Form des BIPs pro Kopf der Kreise und kreisfreien Städte. Dabei stechen Städte bzw. Agglomerationsräume, wie beispielsweise der Großraum Frankfurt, deutlich als wohlhabend heraus, während sie von weniger einkommensstarken ländlichen Gebieten umgeben sind. Es ergeben sich ein ausgeprägtes Einkommensgefälle und regional unterschiedliche Lebensbedingungen. Die Agglomerationsräume und die umgebenden ländlichen Regionen bilden Zentrum-Peripherie-Strukturen aus (vgl. LIEFNER 2010, S. 26f.).

4.2.1 Arbeitslosigkeit

Aufgrund der höheren Arbeitsplatzdichte in den Städten lässt sich generell von einem Land-Stadt-Gefälle hinsichtlich der Arbeitslosigkeit sprechen. Einen Sonderfall stellen suburbane Landkreise dar, die eine niedrigere Arbeitslosenquote aufweisen als ihre Kernstädte. Eine Ausnahme davon bilden lediglich Grenzregionen an der bayrisch-tschechischen Grenze sowie Regionen an der ehemaligen innerdeutschen Grenze (vgl. SUWALA 2010, S. 58). Deutschlandweit finden sich die höchsten Arbeitslosenquoten in landwirtschaftlich geprägten Landkreisen in Ostdeutschland (Prignitz, Mecklenburg-Strelitz), da hier auch keine Nähe zu Agglomerationen besteht (vgl. SUWALA 2010, S. 60). Dies belegt zum einen das genannte Land-Stadt-Gefälle der Arbeitslosigkeit, aber auch das Ost-West-Gefälle in diesem Zusammenhang (vgl. ebd., S. 58).

Abbildung 4 bestätigt dies: Die höchsten Arbeitslosenquoten sind in ländlichen Regionen Ostdeutschlands zu finden. Im Vergleich mit *Abbildung 1* deckt sich der Nord-Süd-Gürtel städtischer Räume mit einem Nord-Süd-Gürtel geringer Arbeitslosigkeit. Ausnahme bilden strukturbedingt ehemalige Bergbauregionen im Ruhrgebiet und Saarland sowie der eigentlich ländlich geprägte Flächenstaat Bayern mit einer der niedrigsten Arbeitslosenquoten (vgl. auch SUWALA 2010, S. 58).

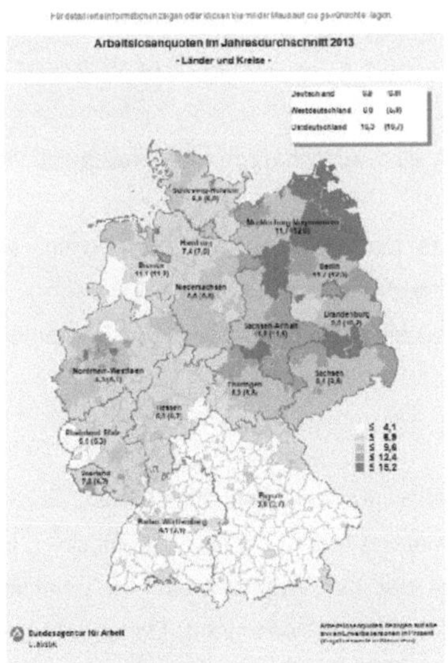

Abbildung 4: Arbeitslosenquoten im Jahresdurchschnitt 2013 (Quelle: Agentur für Arbeit 2014, web)

Auch das Bundesinstitut für Bau-, Stadt und Raumforschung liefert vergleichbare Daten:

	Region mit städtischem Charakter	Region mit Verdichtungen	Dünn besiedelte Regionen	Bund
Arbeitslose je 100 Erwerbs-fähiger (15- bis unter 65-jährige) 2010	6,0	5,3	6,8	6,0

Tabelle 1: Arbeitslosenquote nach Räumen (Quelle BSSR 2010, web)

In den dünn besiedelten, also ländlichen, Regionen ist die höchste Arbeitslosenquote zu finden. In Regionen mit Verdichtungen ist diese am niedrigsten. Dies entspricht der vorherigen Aussage, dass suburbane Kreise eine niedrigere Arbeitslosenquote haben als ihre Kernstädte. Die städtischen Regionen liegen in der Mitte.

4.2.2 Nutzung städtischer bzw. ländlicher Räume

Auch hinsichtlich der Raumnutzung sind Unterschiede zwischen städtischen und ländlichen Räumen in Agglomerationsnähe sowie ländlichen Räumen in peripherer Lage festzustellen: Städte sind in der Regel Standort für eine Vielzahl von Arbeitsplätzen im Dienstleistungssektor, in weiter gefassten Agglomerationen auch im Industriesektor (vgl. LIEFNER 2010, S. 27).

Die umgebenden Landkreise gehören dagegen zu den bevorzugten Wohnstandorten. Denn stadtnahe ländliche Räume bieten die Vorteile niedrige Bodenpreise, hohe Flächenverfügbarkeit und hohe Umweltqualität. Außerdem ermöglichen sie einen schnellen Zugang zu den Vorzügen der Stadt wie Arbeitsplätzen, Einkaufsmöglichkeiten und kulturellen Angeboten. Sie sind daher der ideale Standort für Pendler (vgl. LIEFNER 2010, S. 28).

Ländliche Räume in Agglomerationsnähe profitieren also wirtschaftlich und hinsichtlich ihrer Bevölkerungszahl von Suburbanisierungsprozessen.

Periphere ländliche Räume, die den Hauptteil des ländlichen Raums ausmachen, sind dagegen von Abwanderungs- und Schrumpfungsprozessen betroffen, wenn keine naturräumlichen Besonderheiten, wie beispielsweise eine touristisch genutzte Küstenlage, vorliegen (vgl. DANNENBERG 2010, S. 97).

Raumnutzung am Beispiel Großraum Frankfurt

Die Stadt Frankfurt selbst ist im Großraum das herausragende Wirtschaftszentrum, welches über 300.000 Pendlern Arbeitsplätze, insbesondere im Finanz- und Transportdienstleistungssektor, bietet. Dennoch hat der Großraum weitere wirtschaftliche Zentren mit Umlandgebieten, wie z.B. Darmstadt, Mainz und Wiesbaden. Daneben gibt es Kreise, bei denen eine eindeutige Nutzung als Wohnort vorliegt, wie hohe Auspendlerüberschüsse zeigen, hierzu gehören u.a. die Landkreise Alzey-Worms, Bergstraße und Vogelsbergkreis (vgl. LIEFNER 2010, S. 28f.). Letzterer hat mit nur 76 Einwohnern pro Quadratkilometer die geringste Bevölkerungsdichte in Hessen (vgl.

PRESSESTELLE VOGELSBERGKREIS 2011, S. 5) und ist eindeutig ländlich geprägt. Daneben gibt es Kreise mit einer gemischten Nutzung, die sowohl als Wohnstandort, gleichzeitig aber auch als Industrie- und Dienstleistungsunternehmensstandort zählen, wie der Kreis Main-Taunus (vgl. LIEFNER 2010, S. 29). Diese Zentrum-Peripherie- bzw. Stadt-Umland-Strukturen sind typisch für die Raumstruktur in entwickelten Marktwirtschaften. Sie entstehen einerseits aufgrund der Standortanforderungen der Unternehmen und anderseits aufgrund der individuellen Präferenzen der Bevölkerung (vgl. ebd., S. 30).

4.3 Bevölkerung

Auch hinsichtlich ihrer Bevölkerung lassen sich Disparitäten zwischen städtischen und ländlichen Räumen erfassen. Zum einen in Bezug auf die aktuelle Struktur der Bevölkerung - wie setzt sich diese zusammen? - aber auch hinsichtlich der zukünftigen Bevölkerungsstruktur, also der Bevölkerungsentwicklung.

4.3.1 Bevölkerungsstruktur

Städte sind bezogen auf ihre sozialen Strukturen, oder auch „sozialen Gruppen" wie *Dangschat* es nennt, sehr heterogen (vgl. DANGSCHAT 2014, S. 117). Diese Unterschiede zeigen sich in Altersstrukturen, Herkunft, im Bildungsniveau und im Familienstand. Im Gegensatz dazu sind ländliche Regionen eher homogen geprägt (vgl. SCHWEPPE 2000, S. 59). So ist beispielsweise der Migrantenanteil deutlich geringer als in der Stadt. Des Weiteren liegt das Durchschnittsalter der Menschen in ländlichen Regionen über dem der Menschen in den Kernstädten (vgl. SPELLERBERG 2014, S. 229).

Als charakteristisch für Personen aus Landgemeinden gelten eine hohe Ortsbindung, stärkere Bindung an Verwandte und ihr Eigentum (Haus) (vgl. SPELLERBERG 2014, S. 204).

Die homogenen Strukturen in ländlichen Regionen erschweren oftmals die Teilnahme am sozialen Wandel. Viele Orte sind geprägt durch Abwanderung der Jüngeren, ökonomische Schwäche, Attraktivitätsverlust der Ortskerne, fehlende soziale Einrichtungen und wenig Engagement, was zum Risiko einer sozialen Abkoppelung führt (vgl. SPELLERBERG 2014, S. 229).

4.3.2 Bevölkerungsentwicklung

Ganz Deutschland ist beeinflusst durch den demographischen Wandel. In wachsenden Regionen verzögert sich jedoch meist der Prozess der demographischen Alterung, wohingegen periphere Regionen nicht nur Einwohner verlieren, sondern auch einen Anstieg des Durchschnittsalters der Bevölkerung verzeichnen (vgl. BAUER ET AL. 2012, S. 25).

So werden Metropolregionen wie beispielsweise Berlin, München oder Hamburg auch in Zukunft weiterhin Menschen anziehen. Viele andere Regionen werden dagegen auch zukünftig mit einem Einwohnerverlust zu kämpfen haben. Insbesondere periphere ländliche Räume und (Land-)Kleinstädten müssen sich mit den unmittelbaren Folgen von Geburtenrückgang, Alterung und Wanderungsverlusten auseinandersetzen (vgl. NEU 2014, S. 117).

Ländliche Regionen „erleben damit einen doppelten Anpassungsdruck hinsichtlich ihrer sozialen und technischen Infrastruktur" (BAUER ET AL. 2012, S. 25), denn deren Ab- bzw. Umbau muss nicht nur aufgrund des Rückganges potenzieller Nutzer, sondern auch aufgrund der demographischen Alterung erfolgen (vgl. ebd., S. 25).

4.4 Infrastruktur und Verkehr

4.4.1 Infrastruktur

„Der Ausbau der Infrastruktur der Daseinsvorsorge erfolgte im hohen Maße anhand von Richt- und Orientierungswerten" (WINKEL 2012, S. 21). Diese Werte sollten einen Standard vorschreiben und gleichzeitig einen Vergleich der Ausstattung unterschiedlicher Räume ermöglichen. Heute gibt es allerdings sehr große Unterschiede zwischen den Bundesländern hinsichtlich dieser Vorgaben, diese zeigen sich sowohl in der Anzahl der Vorgaben als auch in der Ausprägung normativer Standards. Beispielsweise weichen Vorgaben für die Mindestschülerzahl einer Schulklasse zwischen den Bundesländern um bis zu 100 % voneinander ab. Die Konsequenz ist die Entstehung von Disparitäten (vgl. WINKEL 2012, S. 21).

Diese Disparitäten in der Infrastruktur bestehen allerdings nicht nur zwischen einzelnen Bundesländern, sondern auch innerhalb dieser. So sind urbane Räume sehr häufig besser versorgt als ländlich-periphere Räume hinsichtlich *Transport, Mobilität, Kommunikation, Bildung und Gesundheit* und auch die öffentlichen Ausgaben in den genannten Sektoren sind wesentlich höher – dies gilt nicht nur bundesweit, sondern europaweit (vgl. BAUER 2012, S. 29). Die Folge sind Versorgungsdefizite in ländlichen Räumen im Rahmen der medizinischen Versorgung, der Einzelhandelsausstattung sowie hinsichtlich der Aus- bzw. Bildungsmöglichkeiten. Aufgrund des demographischen Wandels besteht die Lösung allerdings weniger in Neu- oder Ausbau, sondern vorrangig in der Bestandserhaltung oder in der Weiterentwicklung des Bestands angepasst an die sich verändernden Rahmenbedingungen (vgl. WINKEL 2012, S. 22).

4.4.2 Konzentration von Einrichtungen der Daseinsvorsorge

Die zunehmende Konzentration von immer mehr öffentlichen und privaten Einrichtungen der Daseinsvorsorge wie Schulen, Krankenhäusern oder Einzelhandelseinrichtungen führt zu einem deutlichen Anstieg der durchschnittlich zu ihrer Erreichung zu überwindenden Entfernungen.

Dies beeinflusst das alltägliche Leben und die Chancen der entfernt lebenden Bevölkerung. So hat beispielsweise der Zugang zu Kindertagesstätten und Schulen einen Einfluss auf die Bildungschancen und der Zugang zu Einrichtungen des Gesundheitswesens und Einrichtungen des täglichen Bedarfs wirkt sich aus auf die Chancen älterer Menschen zur eigenständigen und unabhängigen Teilnahme am gesellschaftlichen Leben.

Die Folgen dieser Tendenzen sind vor allem in peripheren ländlichen Gebieten mit schrumpfender und älter werdender Bevölkerung zu spüren (vgl. SPIEKERMANN 2012, S. 10).

Am Beispiel der Zugänglichkeit von Gymnasien soll die Konzentration der Einrichtungen der Daseinsvorsorge verdeutlicht werden. Folgende Karte zeigt die Anzahl an Gymnasien, die innerhalb von maximal 30 Minuten PKW-Fahrzeit in Bayern erreichbar sind:

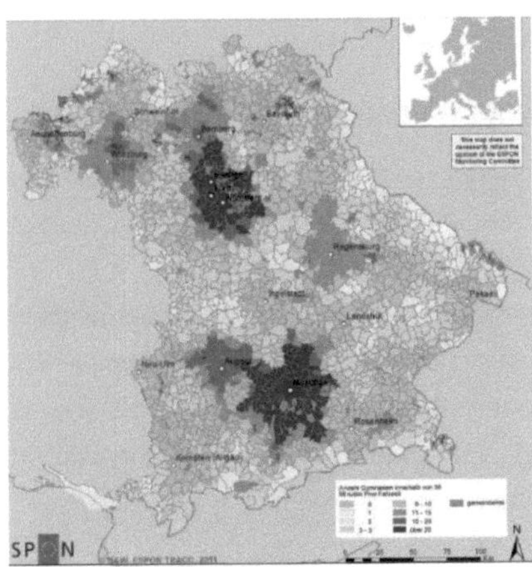

Abbildung 5: Anzahl der Gymnasien, die innerhalb von 30 Minuten PKW-Fahrzeit erreichbar sind (Quelle: SPIEKERMANN 2012, S. 14)

Wie klar hervorsticht, gibt es große Unterschiede zwischen den Agglomerationsräumen und den ländlichen Regionen. In den Räumen München, Nürnberg und auch Würzburg, Bamberg, Regensburg und Augsburg ist eine Vielzahl von Gymnasien zu finden, was den Einwohnern dieser Räume auch eine Wahlfreiheit ermöglicht. Diese besteht in ländlichen

Regionen kaum oder gar nicht aufgrund der immer größer werdenden Entfernungen (vgl. SPIEKERMANN 2012, S. 13).

4.4.3 Verkehr

Beim Verkehr werden die Disparitäten zwischen urbanem und ländlichem Raum besonders deutlich.

Ersterer ist gekennzeichnet durch eine hohe Verkehrsdichte auf begrenztem Raum (vgl. HESSE, NEIBERGER 2010, S. 261). Dies bringt die Vorteile gute Erreichbarkeit und ein gut ausgebautes ÖPNV-Netz mit sich, gleichzeitig führt dies aber auch zu Überlastungsproblemen wie Staus und zu wenigen Parkplätzen (vgl. ebd., S. 261).

Der ländliche Raum hingegen ist geprägt durch Erreichbarkeits- und Ausstattungsdefizite. Aufgrund der dispersen Siedlungsstruktur und der zeitlich zerstreuten Nachfrage ist das ÖPNV-Netz hier schlecht ausgebaut. Der Verkehr wird dominiert durch den motorisierten Individualverkehr, der hier 80% des Personenverkehrs ausmacht. Ein dicht gestaffeltes ÖPNV-Angebot ist in diesen Regionen ökonomisch und ökologisch nicht sinnvoll, jedoch entspricht ein reduziertes Angebot nicht den Bedürfnissen der Bevölkerung (vgl. HESSE, NEIBERGER 2010, S. 261). Auf der Suche nach Lösungen wurden Konzepte wie der TaxiBus, oder das Anrufsammeltaxi entwickelt, die aber noch ausbaufähig sind und noch nicht in allen ländlichen Räumen Fuß gefasst haben (ebd., S. 261f.).

4.5 Zusammenfassendes Raumbeispiel Mecklenburg-Vorpommern

Am Beispiel Mecklenburg-Vorpommerns sollen übergreifend noch einmal die Disparitäten zwischen ländlichem und urbanem Raum verdeutlicht und Lösungsmöglichkeiten aufgezeigt werden.

Fast 58% der Landesfläche Mecklenburg-Vorpommerns werden landwirtschaftlich genutzt, das ist der zweithöchste Anteil in Deutschland nach Schleswig-Holstein. „In kaum einem anderen Bundesland ist der Gegensatz zwischen Stadt und Land so groß wie in Mecklenburg-Vorpommern" (KLÜTER 2014, S. 281). Auch hier finden sich die Disparitäten in Bereichen der Wirtschaftsstruktur, Einwohnerstruktur und Infrastruktur.

So leben in den städtischen Räumen eine Million Einwohner. Das Arbeitsangebot wächst und Bildungseinrichtungen, Gesundheitswesen und Infrastruktur werden von Staat finanziell gefördert. Auch historische Gebäude und das Stadtbild insgesamt wurden seit 1990 erneuert bzw. wiederhergestellt. Dies hat zur Folge, dass der urbane Raum attraktiv für Handel und Gewerbe wird und gleichzeitig die Bevölkerung gezwungen ist, in die Stadt zu ziehen, wenn sie gut ausgebildet werden möchte (vgl. KLÜTER 2014, S. 281f.).

In den ländlichen Räumen leben dagegen nur 0,6 Millionen Einwohner. Seit 1990 kam es zu einem großen Verlust an Arbeitsplätzen (über 50%), Krankenhäuser und soziale Infrastruktur wurden reduziert und zwei Drittel der Schulen seitdem geschlossen. Auch Berufs- und Hochschulen wurden reduziert bzw. geschlossen, was die Ausbildungsmöglichkeiten im ländlichen Raum stark beschränkt. Viele Gebäude leiden unter Leerstand und Verfall, auch Gebäude mit hohem kunsthistorischen Wert (vgl. ebd., S. 281f.). „Die sterbenden Dörfer im ländlichen Raum müssen über das Zentrale-Orte-Konzept und das Finanzausgleichsgesetz die Städte subventionieren" (KLÜTER 2014, S. 281).

Ein Lösungsansatz für ländliche Räume in Metropolnähe, wie hier im Falle der ländlichen Regionen von Mecklenburg-Vorpommern, ist das Konzept *Garten der Metropolen*. Vorbilder hierfür sind z.B. Kent für London in England und Seeland für Kopenhagen in Dänemark. Dieses Konzept setzt Schwerpunkte im Freizeit- und Erholungswert für die Einwohner der Agglomerationen (hier: Berlin, Hamburg, Rostock), in einer regional effektiven Landwirtschaft, die mit hochwertigen, ökologischen Erzeugnissen die Nachfrage der eigenen Bevölkerung und der Metropolen deckt, in einem „regional angepassten Produktions-, Kunst-, Kultur- und Dienstleistungssektor", was dazu führt, dass Arbeitsplätze nicht mehr stadtgebunden sind und in qualitativ hochwertigem und familiengerechten Wohnen und Arbeiten „vor ländlicher Kulisse" (vgl. KLÜTER 2014, S. 282).
So soll der ländliche Raum seine klassische Erholungs- und Freizeitfunktion, die neben der Agrarproduktionsfunktion, der ökologischen und der Standortfunktion steht (vgl. HENKEL zit. nach DANNENBERG 2010, S. 98), um Wohnen und Arbeiten ergänzen und somit statt Schrumpfungsprozessen Zuwanderung erzeugen (vgl. KLÜTER 2014, S. 283), was sich wiederum positiv auf Wirtschaft und Infrastruktur des Raumes auswirken würde. Eine konkrete Umsetzung des Konzepts erfolgte bisher erst in Ansätzen.

5 Fazit

Die Schwerpunkte des Gleichwertigkeitsziels haben sich im Laufe der Zeit verändert:

In den 1960er und 1970er Jahren lagen sie im Ausgleich zwischen Stadt und Land sowie ebenfalls in den 1970ern in sozialen Gesichtspunkten wie der individuellen Chancengleichheit, in den 1980ern standen Ökologie und das Süd-Nord-Gefälle im Mittelpunkt bis zum Abbau wirtschaftlicher Entwicklungsunterschiede zwischen den alten und neuen Ländern in den 1990er Jahren (vgl. MÖSGEN 2008, S. 19).

Heute weist die aktuelle politische Diskussion um die Gleichwertigkeit der Lebensverhältnisse unzweifelhaft darauf hin, dass ‚gleichwertig‘ nicht mehr unbedingt ‚gleich‘ bedeutet (vgl. NEU 2014, S. 118). Dies zeigt sich auch im bereits lange Zeit versuchten Ausgleich zwischen Stadt und Land noch immer.

Zwar wurden Instrumente der Ausgleichspolitik wie „der Finanzausgleich, die Gemeinschaftsaufgabe Verbesserung der regionalen Wirtschaftsstruktur sowie die Schaffung des flächendeckenden Zentrale-Orte-Netzes zur Versorgung der Bevölkerung mit Infrastruktur und Leistungen der öffentlichen Daseinsvorsorge" (MOSGEN 2008, S. 19f.) geschaffen, aber die Konvergenz der Lebensverhältnisse ist nicht länger unumstrittenes politisches Ziel (vgl. NEU 2014, S. 118).

„Die Frage nach dem Niveau der geänderten Mindeststandards ist offen und damit auch die ‚Schlüsselfrage‘, wie viel regionale Ungleichwertigkeit unsere Gesellschaft tolerieren kann und will" (BLOTEVOGEL 2006 zit. nach MÖSGEN 2008, S. 21). Gerade die Bewohner dünn besiedelter Regionen, die zusätzlich durch den demographischen Wandel weiter ausgedünnt werden, haben sich auf weniger staatliche Leistungen einzustellen (vgl. NEU 2014, S. 118), wie auch die vorliegende Arbeit gezeigt hat.

Das Fehlen von wohnortnaher Schulen und Ausbildungsmöglichkeiten, beruflichen Perspektiven oder Freizeitangeboten verringert die Attraktivität entlegener ländliche Räume weiterhin für Familien mit Kindern und Jugendliche. Hinzu kommt der Fortzug der (Hoch-) Qualifizierten und daraus entstehend ein Arbeitskräftemängel. Es besteht die Gefahr, dass eine zu großen Teilen auf Transferzahlungen angewiesene alternde und schrumpfende ländliche Bevölkerung ohne nennenswerte Innovationspotenziale übrig bleibt (vgl. NEU 2014, S. 118).

Es ist also unbedingt notwendig, Maßnahmen zu ergreifen, die zumindest gewisse Disparitäten zwischen Stadt und Land ausgleichen.

Vorrangig sollten Defizite in der Infrastruktur durch an die niedrige Bevölkerungszahl angepasste, aber gleichzeitig die Bedürfnisse der Bevölkerung deckende Maßnahmen ausgeglichen werden. Ebenfalls entscheidend ist es, die Wirtschaft der ländlichen Regionen auf- und auszubauen, dies könnte u.a. wie im vorangegangenen Beispiel Mecklenburg-Vorpommern durch eine Betonung der naturräumlichen oder kulturellen Potenziale geschehen oder durch eine stärkere Einbindung in Online-Vertriebsstrukturen o.ä..

Wie im Beispiel Mecklenburg-Vorpommern sollte hierdurch ebenfalls Zuwanderung statt Abwanderung die Folge sein.

Allerdings sind solche Maßnahmen stets von finanziellen Mitteln und politischen Entscheidungen abhängig, sodass eine Umsetzung zum Teil schwierig und langwierig ist.

6 Literaturverzeichnis

Monographien:

FASSMANN, H. (2009): *Stadtgeographie I. Allgemeine Stadtgeographie.* Braunschweig.

LANGENSCHEIDT REDAKTION (Hrsg.) (1997): *Schulwörterbuch Latein.* Berlin, München.

MÖSGEN, A. (2008): *Regionalentwicklung in Deutschland und ihre Determinanten.* Münster.

Aufsätze in Sammelbänden:

DANGSCHAT, J. S. (2014): *Soziale Ungleichheit und der (städtische) Raum.* In: Berger, A. P. et al. (Hrsg.): Urbane Ungleichheiten. Neue Entwicklungen zwischen Zentrum und Peripherie. Wiesbaden. S. 117-132.

DANNENBERG, P. (2010): *Landwirtschaft und ländliche Räume.* In: Kulke, E. (Hrsg.): Wirtschaftsgeographie Deutschlands. Heidelberg. S. 75-100.

HESSE, M., NEIBERGER, C. (2010): *Verkehr und Logistik.* In: Kulke, E. (Hrsg.): Wirtschaftsgeographie Deutschlands. Heidelberg. S. 233-263.

KLÜTER, H. (2014): *Garten der Metropolen – ein neues Leitbild für die ländlichen Räume Nordostdeutschlands.* In: Dünkel, F. et al. (Hrsg.): Think Rural! Dynamiken des Wandels in peripheren ländlichen Räumen und ihre Implikationen für die Daseinsvorsorge. Wiesbaden. S. 281-294.

LIETNER, I.(2010): *Regionale Disparitäten sowie regionale und kommunale Wirtschaftspolitik.* In: Kulke, E. (Hrsg,): Wirtschaftsgeographie Deutschlands. Heidelberg. S. 17-42.

NEU, C. (2014): *Ländliche Räume und Daseinsvorsorge –Bürgerschaftliches Engagement und Selbstaktivierung.* In: Dünkel, F. et al. (Hrsg.): Think Rural! Dynamiken des Wandels in peripheren ländlichen Räumen und ihre Implikationen für die Daseinsvorsorge. Wiesbaden. S. 117-124.

SPELLERBERG, A. (2014): *Was unterscheidet städtische und ländliche Lebensstile?* In: Berger, A. P. et al. (Hrsg.): Urbane Ungleichheiten. Neue Entwicklungen zwischen Zentrum und Peripherie. Wiesbaden. S. 199-232.

SUWALA, L. (2010): *Regionale Arbeitsmärkte.* In: Kulke, E. (Hrsg.): Wirtschaftsgeographie Deutschlands. Heidelberg. S. 41-70.

Aufsätze in Zeitschriften:

BAUER, R. et al. (2012): *Die Projekte DEMIFER und SeGI. Demografische Entwicklungen und sozialpolitische Herausforderungen.* In: RaumPlanung H. 165 / 6-2012, S. 25-30.

GATZWEILER, H.-P. (2012): *Regionale Disparitäten in Deutschland. Herausforderung für die Raumentwicklungspolitik.* In: Geographische Rundschau. B. 64, H. 7/8. S. 54-60.

KRAMER, C. (2000): ZUMA-Arbeitsbericht 2000-06. *Regionale Ungleichheit: wie lässt sie sich messen, darstellen und in die Sozialberichterstattung integrieren?* Mannheim.

MARETZKE, S. (2006): *Regionale Disparitäten – eine bleibende Herausforderung.* In: Informationen zur Raumentwicklung, H. 9–2006, S. 473–484.

SCHWEPPE, C. (2000): *Biographie und Alter(n) auf dem Land. Lebenssituation und Lebensentwürfe.* In: Studien zur Erziehungswissenschaft und Bildungsforschung, Band 17.

SPIEKERMANN, K., Wegener, M. (2012): *Dimensionen der Erreichbarkeit – von global bis lokal.* In: RaumPlanung, H. 165 / 6-2012, S. 8-14.

WINKEL, R. (2012): *Standardvorgaben der Daseinsvorsorge. Zielerfüllung/Output.* In: RaumPlanung, H. 164 / 5-2012, S. 21-24.

Internetquellen:

AGENTUR FÜR ARBEIT (2014): *Arbeitslosenquote im Jahresdurchschnitt 2013.* URL: http://www.pub.arbeitsagentur.de/hst/services/statistik/000000/html/start/karten/alo q_kreis_jahr.html (letzter Aufruf 20.08.14)

BIK-GmbH (o.J.): BIK-*Regionen.* URL: http://www.bik-gmbh.de/produkte/regionen/index.html (letzter Aufruf 19.08.14)

BUNDESGESETZBLATT ONLINE (o.J.): *Bundesgesetzblatt 1965.* URL: http://www.bgbl.de/banzxaver/bgbl/start.xav?start=//*[@attr_id=%27bgbl165s0306. pdf%27]#__bgbl__%2F%2F*[%40attr_id%3D%27bgbl165s0306.pdf%27]__140855 5870151 (letzter Aufruf 19.08.14)

BUNDESINSTITUT FÜR BAU-, STADT- UND RAUMFORSCHUNG (BBSR) (o.J.): *Städtischer und ländlicher Raum 2011.* URL: http://www.bbsr.bund.de/nn_1067638/BBSR/DE/Raumbeobachtung/Raumabgrenz ungen/Kreistypen2/kreistypen.html (letzter Aufruf 20.08.14)

BUNDESINSTITUT FÜR BAU-, STADT- UND RAUMFORSCHUNG (BBSR) (o.J.): *Siedlungsstruktureller Regionstyp 2011.* URL: http://www.bbsr.bund.de/BBSR/DE/Raumbeobachtung/Raumabgrenzungen/Region stypen2011/regionstypen.html?nn=443270 (letzter Aufruf 20.08.14)

DEJURE.ORG (2014): *Art. 72, Grundgesetz.* URL: http://dejure.org/gesetze/GG/72.html (letzter Aufruf 18.08.14).

DUDEN ONLINE (2013): *Disparität.* URL: http://www.duden.de/rechtschreibung/Disparitaet (letzter Aufruf 20.08.14)

PRESSESTELLE VOGELSBERGKREIS (2011): *Portrait Mai 2011.* URL: https://www.vogelsbergkreis.de/fileadmin/user_upload/Pressestelle/pressemitteilun gen/portraitMai2011.pdf (letzter Aufruf 20.08.14)

WIRTSCHAFTSLEXIKON24.DE (2014): *Regionale Disparität.* URL: http://www.wirtschaftslexikon24.com/d/regionale-disparit%C3%A4t/regionale-disparit%C3%A4t.htm (letzter Aufruf 20.08.14)